海带养殖技术

主　编　刘　涛
副主编　翁祖桐　宋洪泽

中国海洋大学出版社
·青岛·

图书在版编目（CIP）数据

海带养殖技术／刘涛主编. —青岛：中国海洋大
学出版社，2019.5
ISBN 978-7-5670-2204-1

Ⅰ．①海… Ⅱ．①刘… Ⅲ．①海带－海水养殖
Ⅳ．①S968.42

中国版本图书馆CIP数据核字（2019）第087994号

出版发行	中国海洋大学出版社	
社　　址	青岛市香港东路23号	邮政编码　266071
出 版 人	杨立敏	
网　　址	http：//pub.ouc.edu.cn	
订购电话	0532-82032573（传真）	
责任编辑	姜佳君	
电子信箱	j.jiajun@outlook.com	
电　　话	0532-85901984	
印　　制	青岛正商印刷有限公司	
版　　次	2019年5月第1版	
印　　次	2019年5月第1次印刷	
成品尺寸	140 mm×203 mm	
印　　张	3	
字　　数	47千	
印　　数	1～1500	
定　　价	32.00元	

如有印刷质量问题，请与印厂联系，电话18661627679

　　中国海带养殖产量已连续28年位居全球首位，为全球海藻产业的发展做出了重要的贡献并具有产业支配性地位。20世纪50年代初期，中国率先突破了海带全人工养殖技术并在全球开创了全人工海水养殖业发展的先河；"海带南移养殖"进一步把海带养殖区域从北方地区最南拓展至福建和广东，形成了中国海水养殖业的第一次浪潮；海带遗传理论的建立及其育种应用，开辟了中国海带产业乃至全世界海水养殖业的良种化养殖进程；海带制碘业的自主发展进一步促进了海带养殖业的发展和海藻化工业的兴起。进入21世纪以来，一批高产优质海带新品种的培育以及海带食品加工业的快速发展，为中国海带产业的转型升级发展注入了新的活力。中国海带产业的发展历程充分印证了科技创新的重大贡献。本系列书籍包括了产业发展研究、苗种繁育技术和养殖技术等分册，以图文并茂的方式总结了中国现代海带产业的基本面貌与工艺技术，既可作为实用性的技术培训手册，也颇具学术参考价值，将有助于进一步传播和推广最新的海带产业知识与技术，为国家渔业绿色发展和沿海乡村振兴建设做出更多的贡献。

中国工程院院士

2019年4月16日

前 言 PREFACE

　　自1956年海带南移养殖工作以来，福建省科技工作者与产业单位合作解决了种海带室内度夏培育、浑浊水域高密度养殖等技术难题，实现了本地区苗种繁育和高产养殖，使南方地区海带产业得到了飞速的发展。21世纪初期以来，福建省海带育苗总量、养殖面积和产量连续位居全国首位，对中国乃至全世界海带产业做出了突出的贡献。同时，海带养殖在维护近海水质健康、促进渔民就业、联动发展鲍养殖业等方面也发挥了重要的作用。

　　南方地区海带苗种繁育技术对经典的"海带自然光夏苗培育技术"进行了较多的创新发展。种海带室内度夏培育、勾兑孢子水采苗、水平式育苗池改造、新型育苗器的革新等及其应用，使育苗时间最短可至37天并大幅度降低了劳动强度，形成了独特的高效海带苗种繁育工艺。笔者在与福建省海带育苗企业多年合作的基础上，进一步结合现场考察调研工作，编撰了《南方海带苗种繁育技术》一书，期待广大读者能够更直观地了解和掌握南方地区的海带苗种繁育技术。本书出版得到了福建省种业创新与产业化工程项目"海带品种创新与种苗繁育产业化工程"、福建省科技重大专项专题项目"坛紫菜、海带优质抗逆新品种选育及产业化应用"和现代农业产业技术体系（藻类）专项资金项目资助，特此致谢。

编　者

2019年3月10日

目 录 CONTENTS

第一篇　海带的基础知识

1　海带分类与分布

　　海带在分类学上属于褐藻纲（Phaeophyceae）海带目（Laminariales）海带科（Laminariaceae）。因为基因水平的遗传差异，原本的海带属被藻类分类学家分成了海带属（*Laminaria*）和糖藻属（*Saccharina*）。东亚地区的海带多数被归类到糖藻属，而欧洲地区的部分海带则被保留在海带属。

　　海带多生长于低潮带和低潮线以下8～30 m深的海底岩礁上，在潮下带的自然垂直分布主要受海水透明度限制，在地中海沿岸和巴西等水质极其清澈的海域，部分种类甚至能生活于120 m深的海底。

　　海带（*Saccharina japonica*，也称为真海带）原产于太平洋西北部，自然分布在俄罗斯东部、韩国东部和南部、日本北部。海带为冷水性藻类，分布海域最高月平均水温（8月）在20 ℃以下。海带从日本引进我国以来，由于多年的养殖驯化及品种改良，也能在最高月平均水温23 ℃左右的亚热带海域生长。在欧洲分布的海带属常见物种包括糖海带（*S. latissima*）、极北海带（*L. hyperborea*）、掌状海带（*L. digitata*）等，主要分布在英国、爱尔兰、德国、西班牙等国家沿海。此外，在巴西、美国、加拿大等美洲国家沿海也有分布。

　　海带不仅是一类营养丰富的海洋蔬菜，同时因其富含的褐藻胶、甘露醇、碘、岩藻多糖等成分而成为医药保健、海藻化工和农业肥料等行业的重要原料。目前，全球（主要是中国、日本、韩国）养殖的海带主要有海带（*S. japonica*）、长叶海带（*S. longissima*）和利尻海带（*S. ochotensis*）等少数几个物种。我国养殖的海带则是海带及其与糖海带或长叶海带的杂交种。

2　海带生活周期与生活史

　　自然界中的海带寿命为跨3个年度的两年生活（图1.1）。第一年夏季，叶片大部分腐烂脱落，仅残留固着器、柄部和少量的叶片基部（生长点部位）；待秋季水温

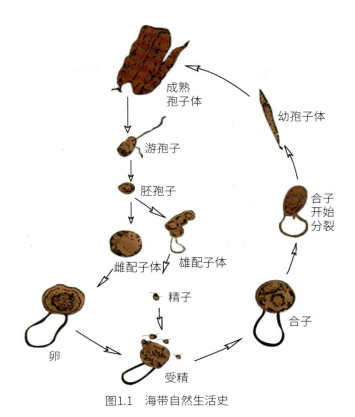

图1.1 海带自然生活史

下降后,叶片基部细胞不断分裂,重新生长出叶片,至第二年秋季叶片死亡。每年秋季叶片表皮细胞可分化形成孢子囊,并放散孢子。在人工养殖情况下,海带生命周期为跨2个年度的一年生活。在夏季水温达到16 ℃左右即可大量收获;水温在15~20 ℃时开始大面积产生孢子囊;水温到23 ℃及以上时,孢子囊停止发育,并且不能释放游孢子。

海带为异形世代（不等世代）交替生活史，其生活史由大型的叶状孢子体世代（二倍体世代）和微小的配子体世代（单倍体世代）构成。海带成熟时，在叶片表面上产生浅褐色的孢子囊群。孢子囊群略突出于藻体表面，一般呈斑块状，全部成熟时可连成片状，甚至布满叶片。成熟的孢子囊经过减数分裂产生具有2根鞭毛的游孢子，游孢子具有趋光性，在游动一段时间后即附着在基质上并失去鞭毛，随即形成圆形的胚孢子。

海带孢子囊群中孢子囊的成熟是不同步的，因此，可以在成熟过程中不断放散游孢子。成熟的孢子囊群首先破裂放出孢子。孢子放散时像一股激流喷射而出，呈云雾状，马上在水中活泼地游动。未成熟的孢子囊则继续发育，因而在采孢子的过程中，每棵种海带都可以使用多次。

游孢子为单细胞，梨形，有2根侧生不等长的鞭毛，因此在海水中会翻滚游动，并且具有趋光性。为了使游孢子均匀附着，通常在微弱光线下进行采孢子。刚开始放散的游孢子非常活泼，通常活力好的游孢子游动速度快且游动时间长。经过一段时间的游动，游孢子可以附着在多种基质上，包括石块、瓦片、玻璃片、铁片、各种材质的绳索等，一般在附着后约2小时即可附着牢固。附着在不同基质材料的海带孢子均可正常地生长和发育。但不同基质材料的表面粗糙度不同，因此，海带孢子附着的牢固程度也不同。

附着后的胚孢子经过4～6小时的发育，就会产生细长的萌发管，原生质随后移至萌发管致使其末端膨大，接着在原来的孢子与膨大部分之间产生隔膜及新的细胞壁。这个位于膨大部分的新细胞成为配子体，配子体具有性别分化：雌配子体为单细胞球形，直径较大，颜色较深；雄配子体一般为2～3个细胞的丝状体，细胞直径较小，颜色较浅。雌配子体经过进一步发育，整个细胞形成卵囊；雄配子体则从丝状体最顶端的细胞开始发育为无色的精子囊，在精子囊排出精子后，其下方的细胞依次发育为精子囊。卵囊先释放卵，卵为单细胞、黄色，无鞭毛，不能游动，并粘连在空的卵囊壁上。卵囊在释放卵的同时，向卵周围释放性诱导物质，可促进临近的精子囊排出精子。精子为无色梨形，具有2根不等长的鞭毛，具有游泳能力，在性诱导物质的作用下，游近卵并进行受精。1个卵仅和1个精子结合，形成合子（二倍体）。海带配子体生长和发育为精子囊和卵囊的阶段对光照比较敏感，通常需要在较低光照强度（2000 lx及以下）下进行。

合子经过有丝分裂进行生长，逐渐长成为幼孢子体（也称幼苗）。合子首先进行3次独立的横分裂，形成8细胞苗；然后开始进行1次独立的纵分裂，形成2列细胞苗；此后细胞同时进行横分裂和纵分裂，形成4列细胞苗；再进行1次纵分裂，形成8列细胞苗。此后细胞同时进行横分裂和纵分裂，形成16列细胞苗；细胞经过不断纵分裂和横分裂，并且从叶片基部的位置开始出现垂直于叶片表面的分裂，使海带幼苗变为多层细胞苗并不断增厚，为后续的细胞分化打下了基础。海带幼苗逐渐通过这种分裂和细胞膨大生长为大海带（即孢子体）。

3 海带生长发育的条件

3.1 海带生长发育与光照的关系

光线是藻类生长所不可缺少的环境因子。光线在海水中的强度和光谱组成是随着水的深度和水中含有的物质而变化的。海带在不同生长发育期对光照条件的要求也不相同。在幼孢子体阶段，海带只有几十个细胞时，能耐受较强的光照；但逐渐长大时，过强的光照则会延缓其生长甚至导致其死亡。但在苗种繁育生产期间，通常是稳步控制育苗，逐渐提升光照强度，在海带苗出库前将光照强度提高到5000 lx及以上，以适应自然海区较强光照。

在北方地区进行种海带海区培育时，可修剪种海带梢部和假根后，将种海带养殖至水面以下50 cm的水层中，利用增强光照来促进孢子囊的形成和发育。

3.2　海带生长发育与温度的关系

水温对海带孢子囊群的产生具有重要的影响。室内度夏的种海带在人工控制的13～18 ℃水温范围内，在14天之内可以开始形成孢子囊群。自然海区中，水温在15～20 ℃时，出现孢子囊群的个体最多且面积最大；而在水温达到23 ℃及以上时，已发育的孢子囊则不能放散游孢子。

游孢子活动时间的长短也与温度有密切关系：温度低，活动时间长；温度高，活动时间短。根据观察，育苗水温5 ℃左右时，一些游孢子甚至可以持续游泳48小时；在15～20 ℃的水温下，游孢子游泳5～10分钟就开始附着；而在8～10 ℃的水温下，游孢子在2个小时左右即可大部分附着牢固。

3.3　海带生长发育与营养的关系

矿物质营养对藻类的生长和发育是必需的。氮和磷是藻类营养的主要元素。在自然海区中氮和磷的不足往往能成为海带生长发育的限制因素。因此，在海带育苗生产中，应根据不同发育时期的营养需求添加硝酸钠和磷酸二氢钾等肥料，补充自然海水中的营养成分。在海带育苗期间，硝酸钠和磷酸二氢钾的施肥比例一般在

10：1～15：1。同时，不同海区夏季水质状况差异较大且存在着年际变动，且局部海区有时会存在磷肥缺乏的情况，因此，在育苗期间，应根据海区水质营养状况适当进行调整，尤其是在海带配子体发育期间可相应提升磷肥的比例至7：1～8：1。

海带育苗期间施肥应注意控制肥料的用量，尤其是氮肥的使用，以免过高的氮肥导致"烧苗"现象。此外，采用氨制冷机制冷的育苗场，应及时检测育苗水体中是否存在"漏氨"的情况，保证育苗用水质量安全。

海水中钙、镁等常量元素以及碘等微量元素也是海带生长发育所必需的。因此，在海带育苗生产中应及时保持一定的换水率来保持元素的均衡。但同时，应注意到过量的重金属元素，尤其是铜、铅、镉、锌等对海带生长和发育的毒性较大，当发生过量积累时，易造成海带死亡。在育苗中，尤其应对育苗水系统中的金属器件进行及时清理，并严格控制富含重金属防污漆的使用。

3.4 海带生长发育与流水的关系

流水条件能促进CO_2的水气交换，从而增加水体中CO_2的溶解量，为藻类生长提供碳源。同时，流水速度对海带长度、宽度等性状具有显著的影响：水流通畅和流速快的海区，海带个体较大，增产效果明显；而水流缓慢的内湾海区，个体小且产量低。育苗期间，海带幼苗也需要流水条件，流水条件不仅能促进海带叶片生长，而且可改善叶片表面的微环境，尤其是促进营养物质的循环和扩散。海带幼苗所需流水量的大小随着海带生长而增加，叶片越大要求流水量越大。在育苗室内，应随着孢子体的生长而加大流量。育苗时单位时间内水体交换量多，则幼苗生长健壮、附着力强、脱苗少，病烂轻或不发生。尤其是在幼苗长到1厘米以上时，如果流水量不大，新海水不多，则容易发生各种病烂或脱苗。

3.5　海带生长发育与其他生物的关系

海带生长发育也与其他生物因子具有一定的相互作用。尤其是海带育苗期间，硅藻和微生物是主要的敌害生物因子。育苗系统中的硅藻主要来自自然海区海水、种海带表面附着，或者是生产操作中由室外带入。硅藻对海带配子体及幼苗生长发育的主要影响在于竞争附着和生长空间、竞争营养，以及附生在幼苗表面影响其光合作用。在育苗前，应及时清理水处理与循环系统，采孢子前应将种海带表面清洗干净并去除假根和腐烂藻体，并应加强人员进出育苗室时对鞋靴和器具的清洗，在采孢子和附着后应进行育苗池的消毒和清洗；在育苗早期注意控制光照，抑制硅藻的生长，并应在孢子发育为幼孢子体后应注意进行苗帘的清洗。

　　褐藻酸降解菌也是海带育苗期间常见的条件致病菌。尤其是在藻体受到机械损伤（如苗帘清洗过程中）、白斑和绿烂等病害期间，褐藻酸降解菌易大量繁殖并侵染藻体，进一步导致病害的加重或造成水质腐败而使海带幼苗致死。因此，在育苗前和育苗期间，应及时清洗水处理与循环系统，尤其是对排水沟、回水池等进行重点清洗和处理，避免细菌的滋生。

第二篇　育苗场布局与环境条件

1　环境条件

为了取水方便，育苗场应建在靠近海岸的地方，同时，还要远离港湾、河口、工矿区和人口密集区，以避开工业和生活污染。

育苗场最好能面临深水的外海，保证海水盐度稳定，水流通畅，同时要选择岩礁或沙质底质的海区，避开淤泥浅滩区，以便能抽取到浮泥和杂藻少的清洁海水。

育苗场还需要建在交通便利、供电基础设施良好的地区，同时应尽量靠近养殖区集中的地方，以便于苗种销售和供应。

2　水质要求

育苗用海水的水质条件应满足《渔业水质标准》（GB 11067）的要求，应是生态环境良好，不直接受工业"三废"及农业、城镇生活、医疗废弃物污染的水域。水体在感观上不得有异色、异臭、异味，pH在7.0～8.5。

3　布局

育苗场布局见图2.1、图3.1。

图2.1　布局图（左为制冷车间，右为育苗室）

第三篇　育苗设施与器具

1　育苗设施

海带育苗的基本设施包括水处理与循环设施、育苗车间两大部分。水处理与循环设施主要包括蓄水池、砂滤罐、制冷车间、配电室、水系统。育苗室主要包括建筑构造、育苗池、搅拌机、遮阳布（网）和竹帘。

1.1　育苗设施的水循环过程

育苗用水是通过引水管在海区中抽取的自然海水。通常将引水管埋入浅海的沙中，并填埋粗砂和卵石防堵塞，利用自然砂滤去除悬浮物；通过水泵抽取自然海水进入沉淀池初步沉淀或者直接进入蓄水池，在无光、密闭状态下沉淀24～48小时，进一步使浮泥、杂质以及浮游生物沉淀下来；将沉淀后的海水抽进砂滤罐进行一次过滤，或者直接进入冷水槽冷却到育苗所需的水温；冷却后的过滤海水再经砂滤罐二次过滤，海水通过进水管泵入育苗池；育苗池流出的水一般经过回水池进行沉淀，去除水体中的悬浮物、泡沫以及藻体碎片，然后重新接回到过滤塔中再进入冷却槽进行循环利用，或者是直接排放（图3.1）。

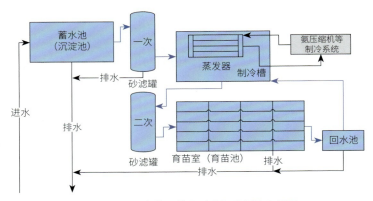

图3.1 主要育苗设施与水循环过程示意图

1.2 水处理与循环设施

水处理与循环设施主要包括蓄水池（沉淀池）、砂滤罐（过滤塔）、制冷车间（氨机组、制冷槽和蒸发器）、配电室（发电机组和配电室）、水系统（泵房、进水管道和排水管道）、回水池。

1.2.1 蓄水池（沉淀池）

蓄水池（图3.2）主要用于存储海水，也兼顾沉淀海水的作用。为节约空间，多数育苗场不再单独建造沉淀池，而是将蓄水池与沉淀池合二为一。蓄水池为水泥和钢筋浇筑，通常为全封闭式，在顶部设置检修和观察窗（图3.3、图3.4）。蓄水池内部应设置水位计，用于监测蓄水容量。蓄水池的容量应与育苗用水总量相配合。为了保证育苗用水，蓄水容量不应低于育苗总用水量的1/2。

图3.2　蓄水池

图3.3　蓄水池顶部

图3.4　检修和观察窗

1.2.2　砂滤罐

海水经过避光沉淀后，仍有一些悬浮性的杂质，不能直接用于育苗。目前生产上常用砂石过滤法进行进一步过滤和净化。通常直接购买砂滤罐或用水泥自制过滤塔。沙滤罐结构简单，经济实用。其外观多为圆柱体或上部作圆锥状，靠近下部有具孔的水泥板（图3.5）。水泥板上自下而上依次铺设不同规格的填料（表3.1），用水泵加压，使海水通过过滤的砂层而得到净化。

在水泥板下设有具反冲作用的反冲水管，其上有喷水孔。过滤器在使用一段时间后，过滤层沉积一些被滤出的杂物，可以利用反冲装置自下而上给水反冲，将杂物随废水经排污管排走。目前生产上常使用两套砂滤罐，一套用于过滤来自蓄水池的海水，一套用于过滤冷却后的海水。两次过滤后，基本上可滤除各种颗粒杂质。

图3.5 砂滤罐外观

表3.1　沙滤罐不同规格填料及组成

材料名称	材料规格/cm	铺设厚度/cm
卵石	5	5
	2～3	5
粗砂	1	10
	0.5	15
细砂	0.07	10
石英砂	0.03	40～50

1.2.3　制冷车间

制冷车间是育苗的核心设施，主要设备为贮氨罐、氨压缩机机组、制冷槽、冷凝管和蒸发器（图3.6～图3.12）。目前育苗生产上降低水温的方法一般是采用氨压缩机制冷海水。工作原理是液态氨在低压蒸发器中蒸发成气态氨的过程需要吸热，从而降低制冷槽中海水的温度。

制冷槽为水泥构造的方形池，内装有氨蒸发器，过滤后的海水通过热量交换被冷却。为了保持低温，制冷槽一般建在室内。

育苗生产前1个月左右，应进行制冷车间设备的整体检修，包括试压等，保证设备完好。育苗生产前2～3天，需要进行开机，逐步制备制冷海水，冷却水的温度控制在6～8 ℃，输送到育苗池进行循环。一般要求开始采苗时，育苗池应注满冷却水，随着冷却水的消耗，要及时制冷补充。

育苗期间，应重点监控制冷槽和育苗池的水温，同时应关注漏水以及补充新鲜海水的情况，及时调整机组，保障育苗用水的温度。

图3.6　贮氨罐

图3.7　活塞式氨压缩机机组

图3.8　节流阀

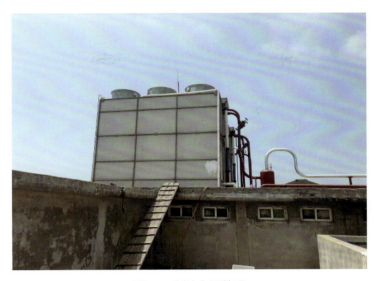

图3.9 制冷车间外观

图3.10 制冷槽

图3.11　管式蒸发器

图3.12　蒸发式冷凝器

1.2.4　配电室

配电室是育苗生产的主要供电设施，用于向制冷机组、水泵、照明等设备供电。配电室的核心设备是配电箱和电路以及发电机组（图3.13～图3.15）。育苗场主要使用工业或农业用电，应及时关注电流的稳定性以及供电情况。如遇到停电的情况，应及时启动发电机组供电。

图3.13　配电箱

图3.14　配电箱内部

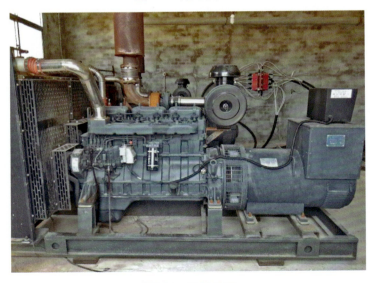

图3.15　发电机组

1.2.5　水系统

水系统主要是以管线将海水从海区引入蓄水池、砂滤罐、冷水槽、育苗车间，并经育苗池、回水池，重新进入制冷系统中冷却或排放到海区的全套系统，主要包括泵房、进水管道和排水管道、回水池（图3.16～图3.19）。水系统的各个部分由管道相互连接，并用水泵输送。管道一般为PVC材质。

育苗生产前，应提前启用水系统，以检测是否存在破裂、漏水等问题，保证育苗期间的水供应和水循环。同时，应用质量体积比为0.2%的漂白粉（次氯酸钠）或50 mg/L的高锰酸钾溶液对水循环系统和育苗池进行彻底消毒，以彻底消除微生物、杂藻和其他有害杂物。在消毒之后，还必须使用过滤海水冲洗1～2遍，然后使用。

泵房是安放水泵的房间，水泵用于从海区向蓄水池打水，所以泵房应邻近蓄水池，便于管理和维护。水泵的功率和台数应根据抽水量和取水时间而定，应留有足够的余地。

经育苗室用后的水不是直接全部排掉，而是每天只换掉一部分，剩下的大部分水还要回收再利用，以降低制冷费用。回水池就是用来回收和储存这部分海水的水泥池。回水池一般建在地下，并用水泵将回水抽取至制冷槽中。

在育苗生产前，应及时检修回水池，用质量体积比为0.2%的漂白粉（次氯酸钠）消毒，用适量的硫代硫酸钠中

图3.16　泵房

图3.17　水泵

图3.18　砂滤罐和进水管

图3.19　回水池

和后，再用海水冲洗干净。在育苗期间，也应定期清理回水池中的泡沫、悬浮物、藻体碎片与幼苗，以免污染育苗水体。

1.3 育苗室

育苗室也称育苗车间，主要包括建筑构造（苗房）、育苗池、进排水管、搅拌机、遮阳布和竹帘等（图3.20～图3.29）。

海带育苗室结构类似温室。因为海带苗种繁育是利用自然光，所以育苗室的建筑形式和结构，首先考虑的是要保证在海带育苗的各个阶段以及育苗室各个角落都可以得到比较均匀并有一定强度的光照，但同时应避免光照过强。建筑构造通常为钢筋混凝土和水泥浇筑的框架结构，顶部和侧面通常为可透光构造。目前也有育苗场的苗房采用了钢框架构造。相对而言，钢框架构造具有强度高、建造快捷、支柱遮光少等优点。但在设计和建造过程中，应及时预留好房顶检修和操作的通道。

育苗室屋顶一般是采用两面坡形式，育苗室四周及屋顶可以采用玻璃、玻璃钢波形瓦、阳光板等多种材质。目前北方地区多数采用玻璃钢波形瓦；而南方地区则采用木质（或钢质）框架的玻璃窗，以防止台风季节室内外压力差过大导致整个屋顶被掀起。同时，房顶应保持一定的密闭性，以减少空气流动导致的升温以及雨天漏雨等问题。

育苗期间必须对光线进行调节，调光的方法是在屋顶及四周加竹帘、遮阳网，以及在室内房顶、四壁悬挂布帘或塑料帘（透光率一般为20%），这样也起到一定的保温作用。

因竹帘较重，操作繁重，部分育苗场采用双层遮阳网来替代竹帘。双层遮阳网通常由黑色农用遮阳网（上层，透光率为70%）和绿色滤网（下层，透光率为50%）构成，两端用尼龙绳串好并绑缚到育苗室顶。

育苗池平面铺设于地面上，为水泥浇筑的长方形池子（图3.30、图3.31），不同育苗场育苗池规格不同，主要是根据育苗帘的规格和数量来进行建造的。育苗池一般长8～10 m，宽2.2～2.3 m，深0.3～0.4 m。整个池底应当向排水口方向有约5 cm的高度倾斜，这样才能形成水流，也便于洗刷育苗池时排出废水。

南方育苗池与北方育苗池排列方式不同。北方为阶梯式排列，南方为水平排列，在每排育苗池两侧均有进水口和出水口（图3.32～图3.38）。通常2个并列的育苗池一组，在2个育苗池共用池壁一端打通50～80 cm作为水道（图3.39），并在另一端安装搅拌机（图3.40），用于促进2个育苗池之间的水循环流动。

育苗生产前，应及时检修育苗室，进行破裂玻璃的更换、漏水育苗池的维护、竹帘和遮阳布的检修等工作。

采苗前，应在育苗池中设置好撑杆和托绳，因为苗帘并不是直接放在育苗池池底进行培育的，而是放在托绳上进行培育，这样才能使苗帘处在上层水体中，同时底部较高的空间便于水流动。具体的做法是将撑杆固定在育苗池两侧池壁预留的孔洞上，孔洞间隔1.5～2.0 m。撑杆可以是木棍，也可以是竹竿，将直径为0.4 cm左右的聚乙烯苗绳横向绑连在池内的各个撑杆上，一般每个育苗池绑拴10根托绳，托绳之间的距离约20 cm。苗帘摆放在托绳上，悬浮在育苗池内的海水中。苗帘所处水深可以通过调节撑杆的高度而进行调节，距离水面3～5 cm。如进行双层帘育苗，则应适当降低底层苗帘的高度，保持双层帘之间能有5 cm左右的间距。

图3.20　育苗室外观

图3.21 育苗室构造
（顶层为木质玻璃房顶，骨架为钢框架，底部为育苗池）

图3.22 育苗室外部墙体（木框玻璃窗）

图3.23　育苗室顶（钢框架的木质玻璃房顶）

图3.24　育苗室顶部外观（右侧为铺设竹帘的通道）

图3.25　竹帘

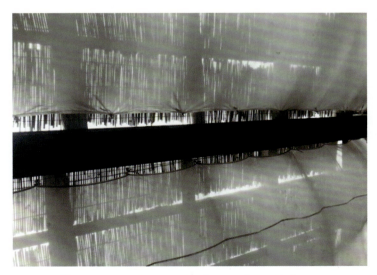

图3.26　育苗室房顶铺设竹帘（内部悬挂遮阳布）

图3.27　遮阳布

图3.28　育苗室内部的遮阳布

图3.29　育苗室门口的洗鞋池和楼梯

图3.30　育苗池

图3.31　育苗池的基本构造

图3.32　育苗池进水管

图3.33 育苗池进水口（左上）和排水口（右下）

图3.34 育苗池进水口木塞

图3.35　育苗池排水口玻璃盖板

图3.36　排水道

图3.37　育苗室排水管

图3.38　育苗室外部的废水沟

图3.39　两个育苗池间的水道

图3.40　搅拌机

　　在育苗前的1个月，应清理和检修整个水循环和处理系统、育苗池和制冷系统等育苗设施（图3.41、图3.42）。育苗池应用清洁海水洗刷多遍，再用质量体积比为0.2%的漂白粉（次氯酸钠，需要用硫代硫酸钠中和）或50 mg/L的高锰酸钾溶液喷洒洗刷池底和池壁，然后用清洁海水洗净，备用。育苗前3～5天应启用水循环系统，去除育苗设施中的杂质，并使育苗室内适度降温，同时通过育苗用水不断循环制冷，使水温逐渐降低至采孢子所需的温度。

图3.41　检修水系统

图3.42　清洗苗池

　　育苗前，南方地区育苗场通常要对育苗室顶部和四壁的玻璃粉刷（图3.43）或喷涂石灰水，这样结合竹帘或遮阳网可以起到更好的遮光作用，后期可用清水洗掉石灰，可有效地提高光照强度。对于育苗室的四壁，也可采用喷涂外墙涂料的方式，相对而言，这种方式喷涂得更为均匀且使用寿命更长。

图3.43　粉刷育苗室房顶玻璃（刷石灰粉）

2　育苗器具及其准备工作

2.1　育苗器具

育苗器具主要包括放散桶、滤网（过滤框）、搅拌杆、维尼纶绳（绑苗帘用）和苗帘。

2.1.1　放散桶

一般为圆形或方形的塑料桶（图3.44），体积为1 m³

图3.44　放散桶

（约1 t海水）及以上。主要用于放置种海带，进行集中放散。目前，放散桶主要在南方地区使用。

2.1.2　滤网

滤网主要用于过滤孢子水，清除种海带放散过程中产生的藻体碎片、杂质和黏液。

南方地区主要采用钢筋制成的过滤框（图3.45、图3.46），内部系上150～200目孔径的筛绢袋。在使用过程中，将过滤框放置于采苗池中，将孢子水倒入筛绢袋中，用于清除种海带放散过程中产生的藻体碎片、杂质和黏液。

图3.45　过滤框（侧面观）

图3.46　过滤框（俯视）

2.1.3　搅拌杆

搅拌杆（图3.47、图3.48）为自制，一般为木质、竹制或塑料材质。通常为长1.5 m及以上、直径5 cm的塑料管或木（竹）杆，末端焊（榫卯）边长10～20 cm的塑料板（厚度为0.5～1.0 cm）或木板（厚度为2.0～3.0 cm），用于搅拌和混匀游孢子水。

2.1.4　苗帘固定绳

南方地区普遍使用PVC苗帘框，苗帘较小，不易操作，因此，可以将苗帘绑缚在一起，形成一排。通常使用长度为10～15 cm的维尼纶绳或带芯电线（图3.49）。

图3.47　搅拌杆

图3.48　搅拌杆（局部）

图3.49　带芯电线

2.1.5　苗帘

苗帘也称为育苗器，是海带游孢子附着的基质。由于室内育苗是一种集约化的繁育方式，因而应选择表面附着面积大而体积小的材料来制作育苗器，以便能在一定面积的水池内放入更多的苗帘，从而提高育苗数量，同时还要考虑到便于生产操作。目前使用的苗帘根据基质的不同类型，可分为棕绳和维尼纶绳（图3.50）。山东一般采用棕绳，将抻直的棕绳编成1.10 m×0.47 m的苗帘，苗绳总长为53.0～54.0 m；福建则采用直径为0.2～0.3 cm维尼纶绳，将维尼纶绳固定在木框或PVC框（图3.51）上，编成0.575 m×0.28 m的苗帘，苗绳总长37.5 m。维尼纶绳苗帘处理较为简单，一般只需要在育苗前经过3～5天的浸泡处理即可。

维尼纶绳的优点在于处理工艺简单，仅用海水浸泡后编制到PVC框内即可。将直径为0.2～0.4 cm的维尼纶绳拆散，或盘到绕线器上；将维尼纶绳一端系在PVC苗框一端，然后沿着PVC苗框两侧的齿梳依次缠绕到苗框，并将末端牢牢系在PVC苗框另一侧；将编制好的苗帘放置在苗框架上，用细聚乙烯线横向编制3～4道，使苗绳排列平整（图3.52～图3.58）。编好的苗帘10～12个一组，叠放整齐后用维尼纶绳绑成一捆备用（图3.59、图3.60）。育苗前，将苗帘直接存入库房，或者放置在育苗池中用淡水或海水浸泡（图3.61），自然晾干后，蒙盖塑料布防尘（图3.62）。采孢子前，向摆放好苗帘的育苗池中加入低温海水（图3.63），或者喷淋低温海水降温。

图3.50 维尼纶绳（局部）

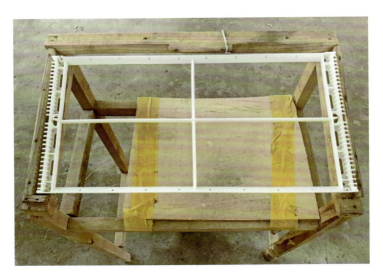

图3.51　PVC苗帘框

图3.52　制作苗帘

图3.53　绕线器

图3.54　制作苗帘场景

图3.55　缝尼龙线

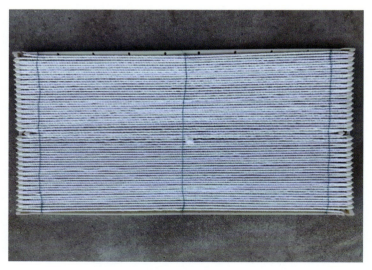

图3.56　苗帘正面观

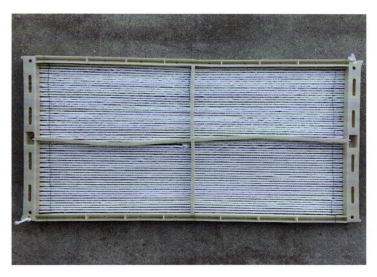

图3.57 苗帘背面观

图3.58 维尼纶绳缠绕在苗帘框上

图3.59　苗帘绑缚为一捆

图3.60　制作好的苗帘

图3.61 苗帘浸泡

图3.62 苗帘采苗前处理（浸泡后用塑料布遮盖）

图3.63 采苗前用低温海水冲洗苗帘

2.2 观察器具

观察器具主要包括水温计、吸管、烧杯、量筒或量杯、玻璃板、载玻片、显微镜（图3.64～图3.70）。其中，水温计主要用于检查育苗室内水体温度。将水温计投放在育苗室的进水口、育苗池和出水口中，随时监测水体温度。

图3.64 水温计

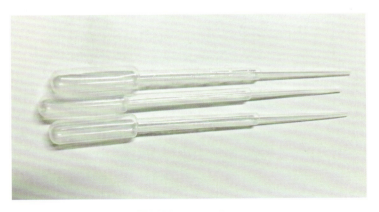

图3.65 一次性吸管

图3.66 烧杯

图3.67 量筒

图3.68 玻璃板、吸管和烧杯

图3.69 载玻片

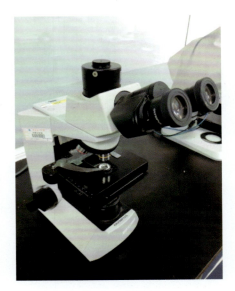

图3.70　显微镜

第四篇　海带夏苗培育技术

1　种海带选育

1.1　种海带海区选择和运输

1.1.1　种海带海区选择和培育

南方和北方地区的种海带选育方式不同。北方地区种海带的选育时间一般在6月下旬至7月上旬，水温18～20 ℃时进行。而南方地区则在5月下旬或6月上旬进行初步选种（图4.1）；当海区水温上升至23 ℃以上时，应将种海带培养水层下降至2 m左右；6月中下旬至7月上旬进一步挑选无病烂、附着物少的海带作为种海带，准备运输到室内。

单株选择叶片肥厚、柔韧、平展，中带部宽、色浓、有光泽，柄粗壮，且没有形成孢子囊的海带（图4.2）。仔细清洗种海带表面附生的污泥及杂藻（图4.3），将其绑缚到养殖绳上（图4.4），运至种海带养殖区，将其平养于在水流通畅、水深10 m的外海区为宜。种海带养殖海区水流速度不小于0.2 m/s，透明度变化小于0.5 m，水质应符合《渔业水质标准》（GB 11607）的要求。

图4.1　种海带初选

图4.2　单株选取种海带

图4.3　去除藻体上缠绕的杂藻

图4.4　将选取好的种海带重新夹到养殖绳上

1.1.2　种海带运输

将选好的种海带整绳放置在船上，用篷布盖好，注意避免太阳曝晒和雨淋；利用低温冷藏车进行种海带的运输，可以进行制冷或铺设冰块维持温度，运输期间保持温度在20 ℃以下。从海上运输到育苗场的时间一般不超过12小时（图4.5、图4.6）。

图4.5　种海带运输

图4.6　种海带入室

1.2　种海带室内培育的前处理

种海带在育苗池进行培育前，需经过前处理，进行海带修剪、清洗和绑绳。首先用剪刀剪去叶片边缘、梢部和假根，只保留部分柄和约80 cm的叶片，用海绵或棉布洗掉叶片上附着的杂藻和泥沙等（图4.7、图4.8）；然后用打孔器在靠近柄部的叶片基部的中央打孔（图4.9），并用维尼纶绳或聚乙烯绳作为串绳，将海带绑缚到直径为0.5 cm的聚乙烯绳上，每绳绑15株左右种海带，防止过密相互遮光，影响海带孢子囊的发育或导致藻体局部腐烂（图4.10～图4.12）。

图4.7　种海带清洗和修剪场景

图4.8　清洗修剪后的种海带

图4.9 种海带中央打孔

图4.10 种海带重新吊绳（1）

图4.11 种海带重新吊绳（2）

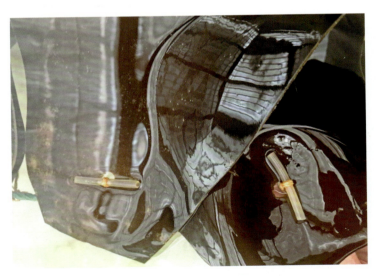

图4.12 吊好的种海带（局部）

1.3 种海带室内培育

种海带的室内培育应在具有独立水系统的育苗室内进行，以节约制冷能耗，并且减轻培育种海带期间硅藻等杂藻对整个育苗水系统的污染。

1.3.1 培育密度

将种海带绳两端固定在育苗池边（图4.13），每绳种海带间距以60～80 cm为宜（图4.14），培育密度为4～10株/平方米，尽量避免因培育过密、受光不足而导致藻体腐烂。

1.3.2 培育条件

在种海带培育室房顶外用竹帘，并在室内用布帘遮盖育苗池，保持光照强度在1000～4000 lx（图4.15、图4.16）。

培育用水的水质要符合《渔业水质标准》（GB 11607）和《无公害食品 海水养殖用水水质》（NY 5052）。

每天定时用搅拌机进行水流动和交换（图4.17），每天保持流水16小时，以保持培育水体的温度为8～10 ℃，并每天换水1/4～1/3。

1.3.3 培育管理

每天监控培育水温变化（图4.18），并定期观察种海带的生长发育情况（图4.19、图4.20），如发现有腐烂或者病变的个体，应及时清理掉。同时，观察种海带表面是否形成孢子囊（图4.21）。可根据孢子囊形成的速度和面积，及时调整光照和水温，进一步促进孢子囊的发育。

图4.13　种海带整绳两端固定在育苗池的两侧

图4.14　种海带平铺培育

图4.15 种海带室内培育

图4.16 铺设竹帘和布帘调整光照

图4.17 搅拌机增加水流和促进水交换

图4.18 定时监测水温

图4.19　定期观察种海带培养情况

图4.20　发育的种海带

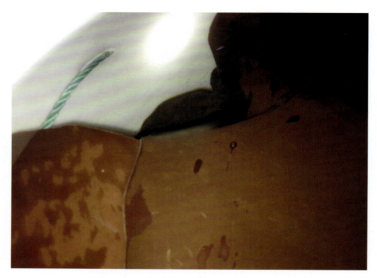

图4.21　种海带表面形成的孢子囊群（颜色较浅的部位）

1.4　种海带出库

采孢子前，应用低温海水水枪或喷淋器对种海带进行清洗，并用海绵或棉布将黏附在种海带表面的杂藻和浮泥除去（图4.22），然后用塑料筐等器具将种海带转移到育苗室内（图4.23、图4.24），准备采孢子。

图4.22　种海带清洗

图4.23　种海带出库

图4.24　种海带转运

2　采苗

海带采苗也称为采孢子，主要包括种海带放散、镜检密度、停止放散、稀释孢子水、布放苗帘等步骤。

2.1　种海带放散

种海带放散是刺激种海带释放游孢子的过程。在种海带放散前，可进行种海带的阴干刺激，或者直接将种海带放入放散桶或育苗池进行放散（图4.25）。种海带阴干刺激是将清洗后的种海带挂于阴凉通风处，或沥干水分后放置于塑料筐内3～4小时，保持温度在12～18 ℃。在目前海带苗种繁育生产中已基本不进行种海带的阴干刺激。

将整绳种海带放入采孢子的塑料桶，使其整体浸没在海水中。种海带使用数量应按照具体采苗的帘数来确定，比例大致为平均每个育苗帘用0.01株种海带。

种海带放散的环境条件为水温6～9 ℃，光照强度不超过2000 lx。

在放散桶或育苗池投入种海带时，不要过度挤压，应使种海带全部浸没在水中，以保证每株种海带都能正常放散。放散过程中，为了促进放散并使已经放散出来的游孢

图4.25　种海带放散

子（图4.26）分布均匀，要用搅拌杆搅动或用手握苗绳在水中摆动种海带。

图4.26　游孢子放散（云雾状）

2.2　镜检密度

使用显微镜来观察和检测种海带放散游孢子的速度、游孢子活力和密度。

一般来讲，充分成熟的种海带，游孢子的放散速度是很快的。在种海带放入后的较短时间内，放散海水就变成黄褐色，这说明海水中游孢子的密度已经变大。海带品种、孢子囊斑面积大小以及成熟度不同，种海带放散速度和放散量均不相同。通常情况下，在种海带放入低温海水后2小时左右，即可达到放散游孢子的高峰。放散的过程中还应密切关注放散水温的变化。放散水温越低，游孢子的活力越强，越有利于后期的附着。

取样检测前，应通过搅动种海带，使其放散的游孢子水搅拌均匀，用试管或烧杯取水样。用吸管吸取孢子水，将其滴到显微镜载物台上的载玻片上，在10～15倍目镜和10倍物镜下进行观察。

游孢子游动快速，且没有或仅有个别不动孢子，视为游孢子活力良好。按照南方地区的采苗工艺，游孢子密度应达到每视野100个及以上。可利用容量瓶或者带盖量筒，用低温海水将游孢子水稀释50倍或100倍，然后再次进行镜检，来确定放散的密度是否达到采游孢子的要求。

当放散的密度达到要求后，将种海带从放散桶中捞出（图4.27），用150～200目筛绢捞网去除游孢子水中的黏液和破碎的藻块（图4.28），均匀搅拌游孢子水，并最终取样和定量游孢子密度（图4.29、图4.30）。

经过一次放散的种海带，接着可以移入另外的放散桶或放散池进行第二次放散，第二次放散所需要的时间一般短于第一次。种海带连续放散的次数建议不超过3次，因为大部分成熟的、健康的游孢子在较短的时间内已经放散了，之后放散出来的游孢子大多发育不够成熟，用这部分游孢子进行采苗，虽然可以正常附着，但往往出现不能萌发或发育为畸形苗的现象。

正常放散的游孢子为梨形，可以活泼地游动（图

4.31）。但也有部分孢子为圆形，没有鞭毛，不能游动，称为不动孢子（图4.32）。不动孢子的产生主要有两个原因：种海带发育不成熟，或者是运输和清洗过程中受到过度刺激（例如高温或过度干燥），导致孢子发育不良。此外，不动孢子的产生也与水温具有密切的关系，在采孢子期间，应尽量保持低温，过高的温度易使游孢子在不附着的情况下快速转化为胚孢子。此外，在种海带清洗期间，应尽量缩短洗刷时间，避免过度刺激导致健康的游孢子提前释放，而后续释放的为不健康的不动孢子。不动孢子的出现也与采孢子的时间长短有关，放散时间过长，高密度的游孢子也可在没有附着基质的情况下转化为不动孢子。因此，采孢子时，应尽量在短时间内达到放散密度。如遇到放散不动孢子数量较多的情况，可更换海水，重新进行放散。

图4.27　移出种海带

图4.28 捞除黏液和藻体碎块

图4.29 高密度游孢子水

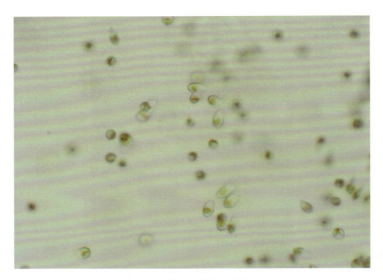

图4.30　显微镜下的游孢子

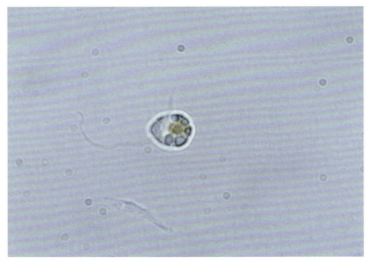

图4.31　游孢子

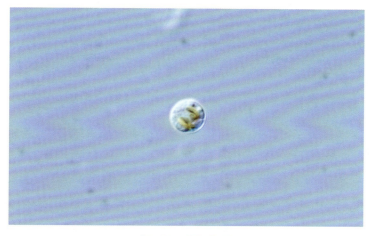

图4.32 不动孢子

2.3 稀释孢子水

游孢子放散结束后，必须进行杂质与黏液的清除，保证育苗期间水质和苗种健康。

在育苗池直接进行种海带放散，需要用滤网过滤1～2次育苗池中的游孢子水，然后用搅拌杆再次混匀。根据游孢子水定量的结果，计算每个育苗池的游孢子水使用量，使最终稀释后的密度达到每个视野6个游孢子及以下（10～15倍目镜和10倍物镜）。

在放散桶中进行种海带放散后，根据游孢子定量的结果，用塑料桶将游孢子水打取到进行附着的育苗池中。需要提前在进行附着的育苗池中注入低温海水。将用

150～200目筛绢制作的过滤框放置到育苗池中，用塑料桶从放散桶中打取游孢子水。一边在育苗池中拖动过滤框，一边将塑料桶中的游孢子水匀速倒入过滤框（图4.33），使游孢子水得到再次过滤，并在拖动过程中相对均匀地分散到育苗池中。

定量完成的游孢子水稀释后，4～5人使用搅拌杆并排沿着育苗池推动，搅拌水体，使游孢子混匀（图4.34）。通常搅动5～10分钟即可。用试管在育苗池2～3个不同位置取样（通常是沿长边的上、中、下各取1管），然后再次在显微镜下镜检密度（图4.35），各个取样点的游孢子密度均匀且达到采孢子密度后，可停止混匀，准备放入苗帘。如镜检的密度不够可再次添加游孢子水，如密度过大也可排放掉部分水体后再补充新水，直至符合采孢子的密度。

图4.33　将游孢子水倒入过滤框

图4.34 混匀游孢子

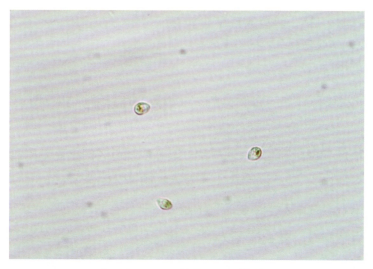

图4.35 检测游孢子密度（局部）

2.4　附苗

海带游孢子的附着时间取决于游孢子活力、水温以及光照等条件。游孢子活力强，游泳能力强，附着时间相应延长；水温高，游泳和附着时间缩短；游孢子具有趋光性，光线强，则易聚集在水体表层，不易附着。通常情况下，在水温为6～9 ℃时，大部分游孢子不超过12小时即可附着。

育苗池中的游孢子达到预定的密度后，将苗帘移至育苗池中，10～12个苗帘一组，垂直或平铺放在水中（图4.36）。将苗帘整齐铺满育苗池（图4.37）。

在每个育苗池中选取2～3个位置（通常是沿育苗池长边的上、中、下位置），用尼龙绳或维尼纶绳绑好载玻片（图4.38），垂直放置在苗帘中间（图4.39），用于计量苗帘上游孢子的最终附着密度。

当显微镜镜检（10～15倍目镜，10倍物镜）载玻片（图4.40），每个视野达到5～6个孢子时，即可结束附着。

海带游孢子的附着能力随着附着时间的延长而增强。一般来说，附着2小时左右，游孢子就已经很牢固地附着在基质上。所以附着2小时且达到附着密度后，即可移帘分散。在附着水体中游孢子密度控制严格的情况下，也可过夜附着，第二天进行分帘，结束放散。把育苗帘从附着池中移出，放入已放好低温海水的育苗池中培育。根据游孢子附着情况，可适当延长附着时间。如果密度较小，不仅会影响将来的出苗量，而且苗帘上留有空隙，其他杂藻易附着生长，从而影响海带幼苗的生长；如果密度过大，也会妨碍后期配子体的发育、幼孢子体的生长，甚至引起脱苗等病害。

图4.36　布放苗帘

图4.37　布放好苗帘的育苗池

图4.38　用于检查游孢子附着密度的载玻片（一端系好聚乙烯绳）

图4.39　放置镜检载玻片

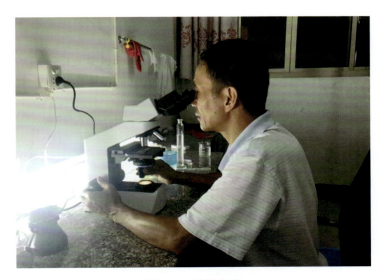

图4.40　镜检密度

2.5　分帘

　　游孢子附着于苗帘上，附着牢固并且附着密度达到要求后，即可进行分帘（图4.41）。将集中附着的苗帘分散到其他育苗池中，同时，将育苗池内的排水口打开，将孢子水排掉。

　　南方地区是将10～12个一捆的苗帘尽快地分散到其他育苗池中。通常情况下，将苗帘PVC框边用塑料线夹或带芯电线两两相连（图4.42），8～9个一组（具体根据育苗池宽度确定），平铺在育苗池中。

图4.41 分帘

图4.42 用带芯电线绑缚苗帘（图中V形）

　　多数情况下，海带育苗为单层帘育苗；如需要增加育苗数量，则可采用双层帘（图4.43、图4.44）的方式。双层帘最多不超过单层育苗总帘数的2/3，以便于定期移动上下层苗帘的位置，使下层苗帘更好地受光，生产中称之为倒帘。实际生产中，为了便于操作，通常制作角钢材质的苗帘架（图4.45），用于固定上层苗帘，使其架在下层苗帘上方（图4.46、图4.47），并使两者之间存在5 cm左右的间距，便于水流动。

图4.43　双层帘育苗
（提起的为上层苗帘，水中的为下层苗帘）

图4.44　双层帘育苗

图4.45　苗帘架

图4.46 将苗帘固定在苗帘架上

图4.47 将上层苗帘架安置在育苗池上

3　育苗

　　海带育苗期间的生产管理，主要是进行苗种生长发育检测、环境条件管理、苗帘操作三大方面的工作。

　　通过显微镜观察海带孢子发育的节律和质量，来调节水温、光照、营养盐、换水率等环境条件，并指导生产中苗帘清洗和倒帘、育苗池清洗和回水系统清理等操作。

3.1　环境条件管理

　　环境条件的管理主要包括水温调控、光照调控、营养盐添加、新海水的换水率、水体中氨泄漏的检测等。

　　根据海带不同发育时期进行水温、光照、营养盐和换水率的调整（表4.1），以满足其生长发育的需要。但同时应注意，不同育苗场的生产设施条件，包括育苗室的保温性能、育苗池海水渗漏情况、育苗室朝向导致的采光情况、制冷系统的冷却水效率等均不相同，甚至不同品种的海带其生长发育速度以及环境需求也不相同，在育苗生产中应针对具体情况进行调整。总体来讲，要根据海带的实际生长发育需求，给予其良好的环境条件，促进其健康发育和生长。

表4.1　海带育苗条件（南方地区）

育苗阶段	水温/℃	光照/lx	氮肥硝酸钠/(mg/L)	磷肥磷酸二氢钾/(mg/L)	换新水比例(%)
游孢子萌发	8.0～9.0	800～900	—	—	—
配子体	9.0～10.0	800～900	3.0	0.22	20
配子体发育	9.0～10.0	800～900	3.0	0.22	20
幼孢子体形成	9.0～10.0	1000～1200	6.0	0.44	20
1～4列细胞	8.0～9.0	1200～1400	6.0	0.44	20
4～16列细胞	8.0～9.0	1400～1800	12.0	0.88	20
孢子体2 mm	8.0～9.0	1800～2000	12.0	0.88	25
孢子体4～8 mm	8.0～9.0	2000～2200	18.0	2.6	25
孢子体8～12 mm	8.0～9.0	2200～2500	18.0	2.6	25
孢子体12～20 mm	8.0～9.0	3500～4000	18.0	2.6	25
出库前	7.0～8.0	4000～5000	18.0	2.6	25

3.1.1　水温控制

水温不仅影响海带幼苗的生长发育速度，而且是决定育苗质量的一个重要因素。适宜的低温是海带生长和度夏的最重要前提。在整个培养过程中，6～10 ℃的水温是比较适宜的。在此条件下，幼苗生长发育质量最好，出苗率高。如果水温偏高，虽然幼苗生长较快，但容易出现病害；如果温度偏低，则增加了制冷育苗用水的成本。因此，在育苗期间，应及时监控制冷槽和育苗池的水温（图4.48）。

图4.48　利用水温计检测育苗池水温

海带幼苗在生长发育的不同阶段，对水温的要求也不相同。因此，在6～10 ℃水温范围内，应根据幼苗的生长发育情况加以调整和控制。育苗早期水温通常为6～9 ℃；育苗后期水温通常为8～9 ℃；出库前，需要将水温下降，一般为7～8 ℃。在海带育苗期间，要求水温条件的相对稳定，因此，降温和提温应缓慢进行，幅度不可太大。我国南北各海区水温差异较大，培育幼苗的时间长短也不同。北方地区育苗一般在室内时间较长，为了控制幼苗的生长，需要控制光照强度、温度等条件。由于降温的成本太高，多采用调节光照强度加以控制。南方地区和北方地区海带育苗水温基本相似。

3.1.2　光照控制

对于海带育苗管理而言，光照调控尤为重要。海带生长和发育不同阶段的适宜光照强度不同，而过低和过高的光照强度则会导致海带发育不良，造成苗种活力下降，甚至导致绿烂病或白尖病等病害。

以自然光来培育海带夏苗，每天10小时的光照时间已经足够。自然光的强度却远远超过育苗的实际需要，而且由于受天气、云量、太阳位置等影响，光照强度的变化往往很大，所以对光照强度必须进行严格的控制和调节，这是海带育苗期间一项重要的、经常性的管理工作。调光可以借助光照度计，通过收放育苗室屋顶及四周的竹帘（图4.49）、遮阳布（图4.50～4.52）等进行操作。

调光要求做到准、勤、稳、均、细。"准"就是要制定准确的调光幅度；"勤"就是要按规定定时测光（图4.53），随着天气的变化及时调光，尤其是在天气多变的情况下，要勤测、勤调；"稳"就是在制定调光措施时，每次调光的幅度不可太大，以勤提、稳提为好；"均"就是要尽可能地做到育苗室内各个位置的光照强度均匀一致，例如经常通过倒帘等操作调整苗帘的位置；"细"就是调光工作必须认真仔细。

图4.49　铺设竹帘

图4.50　悬挂遮阳布

图4.51　育苗室内侧面悬挂遮阳布

图4.52　拉开遮阳布增强光照

图4.53　用照度计监测育苗室光照

在育苗生产的早期和中期，应尽量控制育苗光照在2000 lx以下，尤其是在附着密度相对较高的情况下，过强的光照会导致藻体光合作用增强而产生大量气泡，在苗帘清洗不及时的情况下，极易导致白尖病。生产中，主要是采用在育苗室房顶外铺设竹帘（也有采用双层遮阳网），并在育苗室内房顶悬挂遮阳布的方式进行光照的调节。光照调控中，应尽量保证育苗室内采光一致，尤其应避免直射光，而尽量通过竹帘、遮阳布等调整使光线转为散射光；应控制光照强度，避免出现不同位置光照差异过大导致苗种发育速度不一致的情况；也应及时根据观察到的幼苗生长发育情况来进行倒帘操作，尽量保持幼苗生长发育情况基本相同。

3.1.3 水质与营养盐控制

育苗期间应及时进行水质监测，主要是对育苗池、回水池、冷却塔、沉淀池中的海水进行监测，可通过感官观察的方式观察水体是否浑浊和变色、是否存在大量泡沫以及藻体碎片和幼苗、是否存在异味等情况，来初步判断水质情况，及时进行排水和清洗。准确监测应通过微生物培养来检测水体中褐藻酸降解菌等微生物含量，利用pH计和盐度计来检测水体的pH和盐度，利用比色法来检测水体中NH_4^+等离子。

海带幼苗生长需要不断地从周围环境中吸收矿物质元素。在室内育苗的条件下，由于水体小，幼苗密度大，海水交换差，所以，必须施肥，幼苗才能正常生长。在海带所需要的矿物质元素中，含有钾、钙、镁、硫等的化合物大量存在于海水中，可以通过更换新鲜海水来及时补充；而自然海水中氮和磷的含量远远不能满足海带幼苗生长的需要，因此，在夏苗培育过程中，要不断补充育苗用水中的氮和磷。

施肥的总原则是前期少、后期多。施氮肥尽量避免使用尿素、硝酸铵、硫酸铵等含铵的化肥，因为制冷系统中蒸发器漏氨会使海水中的氨增加而产生毒害作用。不用含铵的化肥，也可有效地对漏氨进行监测。通常使用硝酸钠作为氮肥，磷酸二氢钾作为磷肥。

因制冷设备中氨的泄露容易导致水体中氮过剩而致使海带苗坏死，类似于作物氮肥过剩出现"烧苗"。泄漏在育苗水体中的氨仍然会以游离氨（NH_3）或铵盐（NH_4^+）形式存在，两者组成比取决于水的pH和水温。通常可采用《水质 铵的测定 纳氏试剂比色法》（GB 7479）进行漏氨的检测。

施肥时，应将肥料溶解在海水中配制为母液，然后按比例加入制冷槽。由于育苗用水是循环使用的，所以加入的肥料一般只按更换新海水量加以计算和补充。此外，还要定期对育苗水进行水质分析，以便根据实际情况及时调整施肥量。

在海带夏苗培育过程中，海水在水循环系统中反复循环，营养物质不断被海带吸收而逐渐减少，水质也逐渐恶化。因此，为了让海带幼苗能正常生长，必须及时更换适量的新鲜海水。

在育苗后期，当幼孢子体长到一定大小之后，由于光合作用不断加强，水体中游离CO_2满足不了幼苗生长需求，导致碳酸氢盐不断分解，pH不断上升。因此，在后期应加大换水量，促进幼苗生长。

3.1.4 水流控制

海带苗种繁育是高密度、集约化的培育方式。在这种生产方式下，如果海水是静止不动的，不但水温难以稳定，而且不利于幼苗的新陈代谢，从而抑制幼苗的生长。同时，海水中的褐藻酸降解菌、硫化细菌等微生物也将大量繁殖，易导致幼苗发病。

流水可以使育苗池内的水温保持恒定，同时使幼苗不停地摆动，这样可使海带苗种受光均匀、便于吸收各种营养成分，促进幼苗生长，而且可以及时带走代谢废物；水流还能促进固着器的发育，提高幼苗的固着力，减少幼苗下海后的掉苗现象。因此，适当地通过调节搅拌机的转速加大流速，是促进海带幼苗健康生长的有效措施之一（图4.54）。育苗生产中，流速的控制往往是育苗前期流速低，后期流速高。

图4.54　水体搅拌情况下的苗帘底部

3.2　苗帘清洗和倒帘

3.2.1　苗帘清洗

海带幼苗培育的海水虽然经过沉淀、过滤等净化处理，所有器材也经过处理，但不可避免仍有一部分硅藻等杂藻被带入育苗池。它们的繁殖与生长，不仅侵占海带幼苗的基质，而且附着在幼苗藻体上，与幼苗争夺营养盐和光照，严重时会造成幼苗腐烂。因此在海带幼苗培育过程中，要不断地洗刷苗帘以清除杂藻等。同时，洗刷苗帘可以排放藻体上因光合作用产生的气泡，避免直射光的聚焦对藻体产生的光伤害。洗刷苗帘还可以促进幼苗固着器的发育，增强幼苗的附着能力，大大降低幼苗在室内和下海后的掉苗率。洗刷苗帘的工作一般在采孢子后14天左右（大部分转化为孢子体）开始，一般每周洗刷一次，后期可增加洗刷的频率。

可用涮洗法或高压水枪洗刷苗帘，当形成孢子体后，改为隔天洗刷一次。洗刷的次数和力度应根据幼苗和杂藻的生长情况而定。洗刷后，应及时清理育苗池，防止杂藻再次附生或脱落幼苗腐烂导致微生物滋生。

北方地区育苗场使用棕帘，规格较大且吸水后较重，因此操作较为繁重，只能采用单张苗帘清洗的方式。具体操作方法主要包括涮洗法、喷刷法等，并需要在育苗后期进行提帘操作。南方地区洗刷苗帘时，可停止育苗池的进水、关停搅拌机并排掉部分水，使苗帘露出，用水枪依次冲洗苗帘，然后再加入新水，并启动搅拌机，重新进行水循环。操作时，也可由两人各执一端将苗帘整排从育苗池解开，其他人用水枪进行整排冲洗，最后再将苗帘重新固定在育苗池边。

3.2.2　倒帘

在育苗过程中，因苗帘在育苗室的位置不同，其光照、水温以及水流（营养）等情况均不相同，因此，应根据海带生长和发育的实际情况，及时调整苗帘在育苗池中的位置，使其受光均匀，保证幼苗生长速度均衡，长度均匀整齐。倒帘过程中可同时对育苗池进行清理。在双层帘育苗期间，应尽量多进行倒帘操作，改善下层苗帘的受光条件，促进幼苗的正常生长。

3.2.3　育苗池洗刷

育苗期间，应定期或根据实际情况进行育苗池洗刷。将同一水系育苗池中的苗帘移至旁边的育苗池中，停止注水，用刷子将池底、池壁的浮泥和杂质洗刷干净。然后重新注水，并将苗帘移回。也可结合苗帘清洗操作进行育苗池洗刷。

3.3　发育和生长观察

海带生长发育时期见表4.2，各时期的观察情况见图4.55～图4.75。

表4.2　海带生长发育时期表（从采孢子结束开始计算）

育苗阶段	南方育苗时间		北方育苗时间
	北方苗种	南方苗种	
游孢子萌发	4～6小时	4～6小时	4～6小时
配子体	第3～4天	第3～4天	第3～5天
配子体发育	第5～9天	第5～9天	第5～10天
幼孢子体形成	第8～13天	第8～13天	第10～13天
1～4列细胞	第9～15天	第9～15天	第13～20天
4～16列细胞	第20天	第21天	第20～30天
孢子体2 mm	第27天	第29天	第30～37天
孢子体4～8 mm	第29～33天	第34～40天	第37～50天
孢子体8～12 mm	第22～36天	第34～45天	第50～56天
孢子体12～20 mm	第33～40天	第45～50天	第56～65天

备注：各个育苗场因采孢子时间、育苗条件和管理措施不同，发育时期会略有不同

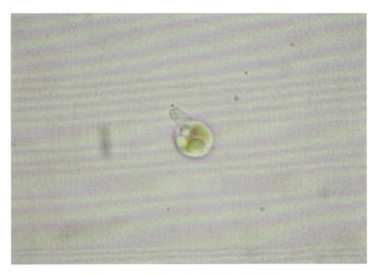

图4.55　胚孢子（左上方伸出萌发管）

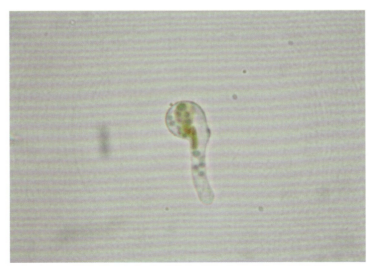

图4.56　胚孢子萌发管的发育

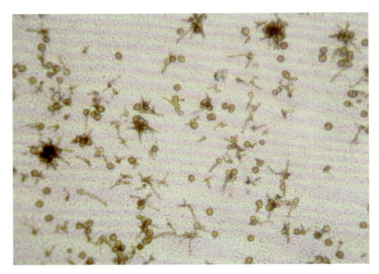

图4.57　雌配子体（球形，单细胞）和
雄配子体（丝状，多细胞）

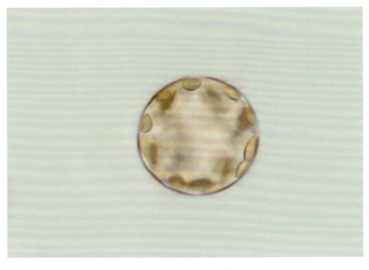

图4.58　雌配子体

图4.59 雄配子体

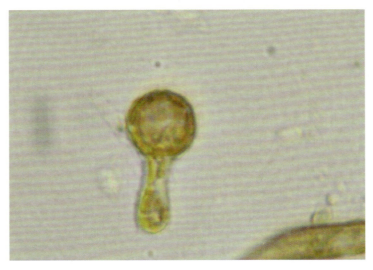

图4.60 雌配子体发育为卵囊

图4.61　雄配子体发育为精子囊（颜色变浅至无色）

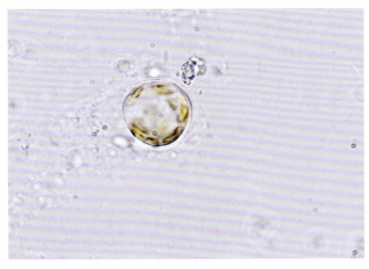

图4.62　排卵与受精（中间偏左为卵，右上为精子）

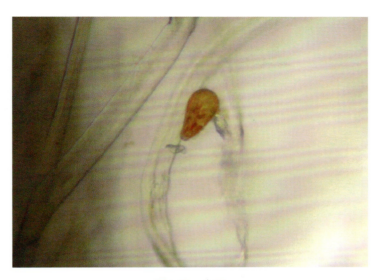

图4.63 合子

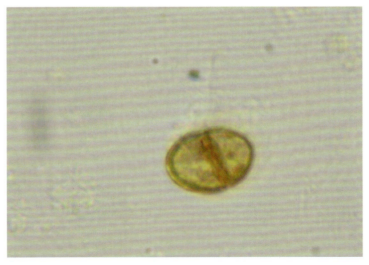

图4.64 2细胞苗

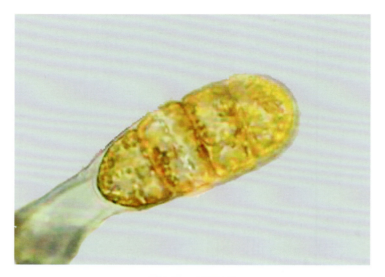

图4.65   4细胞苗

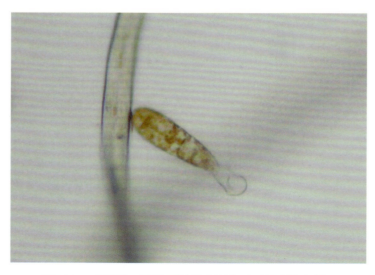

图4.66   8细胞苗（顶部开始纵分裂向两列细胞苗发育）

图4.67　2列细胞苗

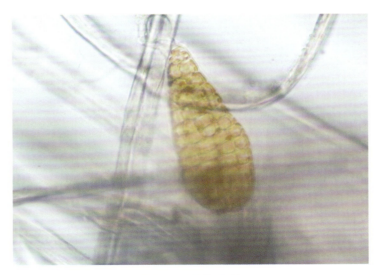

图4.68　4列细胞苗

图4.69　8列细胞苗

图4.70　16列细胞苗

图4.71 肉眼观察幼苗发育情况

图4.72 剪取维尼纶绳（丝）样品进行观察

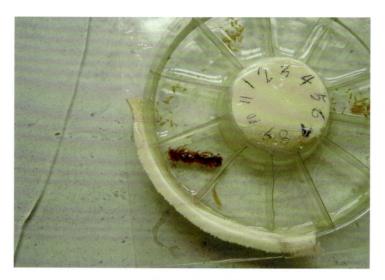

图4.73　取样观察

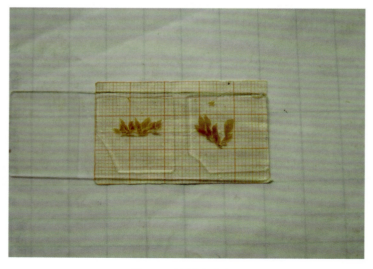

图4.74　幼苗发育情况

图4.75　及时记录育苗工作情况

3.4　病害防控

　　海带苗期病害主要是环境导致的病烂和生理病害两类，多数病害是由不利的环境条件引起的。褐藻酸降解菌等微生物也是引起海带病害的重要因素之一，其感染过程主要是黏附到海带表面或在叶片组织中繁殖，通过分泌的褐藻胶酶致使藻体细胞分解，或者是持续生活造成寄主损伤。海带育苗系统中的兼性腐生细菌和硫酸盐还原菌的活动所产生的硫化氢也可引起幼苗畸形病。

　　褐藻酸降解菌作为目前海带病害中唯一得到广泛确定和证实的病原，必须在藻体生活力下降或者受到机械损伤的前提下，才能侵入藻体组织大量繁殖，使藻体发生病害。因此，海带苗期病害防治应采取预防为主的策略，及

时调整育苗的营养、光照以及洗刷等操作，为幼苗生长提
供良好的环境条件，并提高幼苗的活力。即使出现了病
害，也可通过加强光照管理、增加换水量、及时清洗等措
施来减轻病害，使幼苗恢复正常的生理状态。

目前，海带苗期常见病害主要包括绿烂病、白尖病、
胚孢子和配子体死亡、幼孢子体变形烂和畸形、脱苗等
（表4.3）。

表4.3　苗期常见病害及防治方法

名称	病因	病状	防治方法
绿烂病	光线不足	叶片从尖部开始变绿变软，逐渐腐烂	严格控制采苗密度，适宜增大光照强度，加大洗刷力度，增加流水量
白尖病	受光突然增强	藻体变白、叶片尖端分解或显微观察下细胞内色素分解，细胞只剩下细胞壁	调节光照使之适宜均匀，防止幼苗突受强光刺激，增加水流量，及时洗刷苗帘
胚孢子和配子体死亡、幼孢子体变形烂和畸形	种海带成熟不好或成熟过度，附着基处理不好，水质恶化，配子体发育阶段受强光刺激	配子体阶段大量发病死亡，胚孢子萌发不正常，配子体细胞不规则分裂，配子体生长期延长且不能转化为幼孢子体	选择成熟度好的健康种海带采孢子，苗帘要严格处理并保持好育苗水质，避免强光刺激，发病后采取降温、洗刷、隔离等方法

续表

名称	病因	病状	防治方法
脱苗	幼孢子体大量脱落，并存在藻体分解情况	幼孢子体固着器发育不良，或者育苗水体中褐藻酸降解菌大量繁殖导致水质变差或恶化	降低游孢子附着密度，增加水流量，及时洗刷苗帘。在育苗过程中应及时清除脱落苗体以及清除水体中泡沫状污物。若有发病征兆，应加大苗帘清洗频率和力度

4　出库

　　南方地区的海带苗种经过40天左右的培育，到自然海水温度下降到20 ℃且不再回升时，即可出库。出库，对室内培育的海带幼苗本身来说，其生活环境发生了很大的变化。为了避免培育条件突然变化对幼苗产生的不良影响，在出库前，就要有计划地逐步提高水温、光照强度等使其尽量接近自然环境条件。生产实践表明，要保证幼苗下海后不发生或少发生病烂，一定要考虑两点：① 必须待自然水温下降到20 ℃以下，且温度不再回升；② 要在大潮汛期或大风浪天气后出库，在小潮汛期尽可能不要出库。

大潮汛期水流较好，风后水较浑，透明度较小，营养盐含量也较高，幼苗出库可免受强光刺激或减少病害发生。

但在水温适宜的情况下，应尽早出库。这样幼苗长得快，能提前分苗，海带苗的利用率也较高。南方和北方地区海带幼苗出库的时间因海区季节水温差异而有所不同，一般情况下，用于北方辽宁地区养殖的海带苗种应在10月初出库，在山东地区养殖的海带苗种应在10月中旬出库；而在南方福建和浙江等地区养殖的海带苗种应在11月中旬出库，广东地区的自然水温则在12月中旬才能降低到下海暂养要求的温度。实际上，海带苗种出库的时间取决于养殖海带当地的海区水温，当海区水温稳定在20 ℃时，且最好是经历了一场冷空气，水温不再反弹时，即可出库。

海带出库前，应略微提升育苗水温和增加光照，以使其能够尽快适应下海暂养所面临的海区自然水温（20 ℃）和光照（10 000 lx以上）等环境条件。

出库的海带苗种质量应满足《海带养殖夏苗苗种》（GB/T 15807）的要求。商品苗出库标准为幼苗藻体健壮、叶片舒展、色泽光亮、有韧性，苗帘无空白段、杂藻少，海带苗附着均匀、牢固（图4.76、图4.77）。苗种规格与数量、脱苗与缺苗等指标见表4.4。但从目前生产情况来看，多数出库的海带苗种规格达到了2 cm及以上。北方地区采用的棕帘，每帘大于2 cm的苗种数量应达到5万株；南方地区采用的维尼纶帘，每帘大于2 cm（或0.7 cm）的苗种数量应达到3万株。但在实际生产中，每帘苗种数量远远超过了标准的规定。

表4.4　南方海带苗种出库标准与等级

基质类别	等级	苗种密度/（株/厘米）		脱苗率（%）	缺苗率（%）
		体长>0.7 cm	体长>0.2 cm		
维尼纶帘	一类	>16	>60	<5	<1
	二类	>12	>45	<5	<2
	三类	>8	>30	<5	<3

图4.76　出库前幼苗质量观察

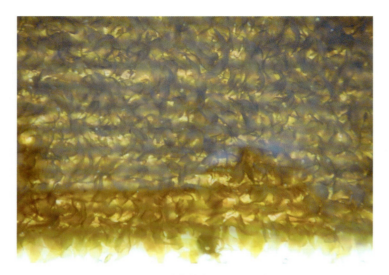

图4.77　幼苗均匀且色泽正常

海带苗种出库的操作主要包括移出苗帘、低温海水冲洗、装入泡沫箱和运输四个环节。因海带苗种不耐受高温和干燥，因此，主要采用湿运的方式进行运输。苗种规格大小也影响运输的质量，苗种规格过大，一方面导致运输成本的增加，一方面易导致叶片粘连而出现绿烂。通常情况下，2～3 cm长度的苗种更便于长时间运输。

出库前，关闭搅拌机，同时打开排水口，排出部分育苗水。将苗帘单张拆开（图4.78），应在育苗水中涮洗和拍击2～3次，去除杂藻和杂质，然后叠放在育苗池边缘（图4.79）。

图4.78 排水、拆帘

图4.79 移出苗帘

　　在育苗室内的低温环境中，用4～6 ℃低温海水高压水枪反复冲洗苗帘（图4.80），或者将苗帘取下后在育苗池的低温海水中涮洗（图4.81），使其附生的杂藻脱落并起到为苗帘降温的作用。

图4.80　低温水枪冲洗苗帘

图4.81　涮洗苗帘

绳的海带进行简单清洗和去除杂质后，在漂烫机80~90 ℃的热水中煮烫2~3分钟（图3.29），然后用传输带送至搅拌机中进行脱水，再掺入原盐（俗称大粒盐）（图3.30）。将拌好盐的海带平整后，运输到低温库中堆积贮藏，待后续进一步加工为海带丝、海带结、海带片、海带卷等食品。

图3.29 盐渍海带加工煮烫

图3.30 盐渍海带拌盐